Bibliografische Information der Deutschen Nationalbibliothek:

Die Deutsche Bibliothek verzeichnet diese Publikation in der Deutschen Nationalbibliografie; detaillierte bibliografische Daten sind im Internet über http://dnb.d-nb.de/ abrufbar.

Impressum:

Copyright © 2009 GRIN Verlag, Open Publishing GmbH
Druck und Bindung: Books on Demand GmbH, Norderstedt Germany
ISBN: 9783640552597

Rainer Jaspers

Die Geschichte großer Brandkatastrophen und des Brandschutzes

GRIN Verlag

DIE GESCHICHTE GROSSER BRANDKATASTROPHEN UND DES BRANDSCHUTZES

1 Vorwort

Quelle: Virtaler – Baudichte und Brandsicherheit 1954/VFDB-Zeitschrift – Forschung und Technik im Brandschutz 2/55

Vor 400.000 Jahren lernte der Mensch, sich das Feuer zunutze zu machen. Vor 10.000 Jahren lernte er, es selbst zu entzünden. Aber wie lernte er es zu kontrollieren?

Tabellarische Übersicht über die berühmten Feuersbrünste in der Geschichte

Ort	Datum	Kategorie	Ereignis
Rom	390 v. Chr	Stadtbrand	Gallier erobern Rom
Alexandrien	48 v. Chr.	Stadtteilbrand	Bibliothek von Alexandria
Rom	64 n. Chr.	Stadtbrand	Unter Kaiser Nero
London	1666	Stadtbrand	Großer Brand
Dresden	1945	Luftangriff	Zerstörung der Innenstadt

Tabelle 1: *Übersicht über die berühmten Feuersbrünste in der Geschichte*
Quelle: VFDB-Zeitschrift und Technik im Brandschutz 2/55

1.1. Vorzeit

Zunächst waren die Menschen dem Feuer hilflos ausgeliefert; doch war Brandschutz trotzdem kein Thema.

Bei den Germanen war Feuer ein lebendiges mit der Zunge leckendes Tier, das mit Stockschlägen bekämpft wurde. Abgesehen von großen Waldbränden konnten Brände aber auch keinen großen Schaden anrichten, da die Siedlungen sehr klein waren und weit auseinander lagen. Von großen Stadtbränden konnte nicht die Rede sein. Noch die Germanen siedelten sehr weit voneinander und bauten sehr einfache Hütten, die schnell wieder aufgebaut werden konnten.

Jedes Haus war dabei ein potentieller Brandherd, denn offene Feuerstellen zum Heizen und Zubereiten der Mahlzeiten oder Kerzen und Öllampen zur Beleuchtung waren im Alltag unverzichtbar. Als Gefahrenquellen kamen verschiedene Handwerksbetriebe hinzu, die das Feuer ständig nutzten, wie etwa Schmieden oder Töpfereien.

Die zum Hausbau verwendeten Materialien waren leicht entflammbar; besonders in den waldreichen Gebieten waren Holz- Lehm-Bauten der Regelfall.

Insbesondere strohbedeckte Dächer gerieten schon durch Funkenflug leicht in Brand. Auch die strohgefüllten Scheunen und Ställe sowie Warenspeicher waren in erhöhtem Masse feuergefährdet.

Die Brandursachen reichten von grober Fahrlässigkeit im Umgang mit offenem Licht und Feuer welches durch die Eroberungen gelegt wurde.

1.2. Römerzeit

In diese Zeit fällt auch der 1. Grossbrand, der durch die Gallier bei der Eroberung Roms 390 v. Chr. stattfand; dokumentiert bei Livius dem Älteren.

Als Caesar die Flotte der Ägypter in Alexandria im Jahre 48 v. Chr. verbrannte, ging die Bibliothek nach Aussage einiger Quellen mit in Flammen auf.

Die Bibliothek von Alexandria war die berühmteste Bibliothek der Antike. Sie befand sich im ägyptischen Alexandria und wurde schon im Altertum mehrfach zerstört. Die Bibliothek galt in der hellenistischen Zeit als die größte Sammlung von Schriften der antiken Welt.

Die Bibliothek wurde von Ptolemaios I. gegründet (Ptolomaios II. gründete eine kleinere Bibliothek); um 250 v. Chr., dazumal betrug die Gesamtzahl der Rollen in der Bibliothek bereits 400.000. Später sollen hier bis zu 700.000 Schriftrollen und Papyri gelagert worden sein. Durch die Brandzerstörung kann es sich dabei bestenfalls um Teile des Bibliotheksbestands gehandelt haben, da die Bibliothek bis in die Spätantike als Serapeum fortbestand. Zudem wurde der Bestand aufgestockt durch die sich gerade im Aufbau befindliche Bibliothek von Pergamon, deren Bestände Marcus Antonius nach Alexandria bringen ließ, um Kleopatra zu beeindrucken. Strabon arbeitete in der Zeit des Augustus dort mehrere Jahre und erwähnt keinerlei Bücherverluste (vgl. Sueton, Domitian).

1.2.1. Brände in Rom

Die alten Römer waren Meister der Baukunst. Es entstanden große Städte - allen voran natürlich Rom. Rom hatte zur Zeit des neronischen Brandes (Juni 64 n. Chr.) zwischen 1 und 1,5 Millionen Einwohner. Die Häuser waren meist mehrgeschossig und standen sehr eng beieinander, weil die Gassen sehr eng waren. Vielfach wurden hölzerne An- und Verbauten an den Häusern errichtet. Das klingt alles sehr feuergefährdet - und das war es tatsächlich auch.

Etliche Male vernichteten große Feuersbrünste ganze Stadtteile von Rom. Alleine der neronische Brand wütete 10 Tage und zerstörte 3 von 14 Regionen der Stadt völlig und 7 Regionen bis auf ein paar Ruinen.

Es ist nicht verwunderlich, dass die Römer das Thema Brandschutz ernst nahmen und erste Schritte unternahmen, die in die Richtung unserer heutigen Feuerwehren zeigen.

Im Jahre 21 v. Chr. wurde eine Feuerwehr aus 600 Sklaven gegründet. Zur Zeit Augustus gab es ein Feuerlösch-Corps, das aus 7 Kohorten zu je 1000 Mann bestand. Jede Kohorte war für zwei Stadtteile in Rom zuständig.

Einen eigentlichen Katastrophenplan und eine Prävention gab es aber noch nicht.

Die alten Römer kannten noch keine Schläuche, obwohl sie Meister der Wasserförderung waren. Stattdessen gehörten zur Ausrüstung Spritzen, Eimer, Leitern, Stangen, Decken, Körbe, Schwämme, Besen, Lappendecken (mit Wasser getränkt zum Schutz der Nachbarhäuser), Einreißhaken, Sägen und

Hämmer. In den Feuerlöschkohorten gab es Wasserträger, Spritzenleute, Leute mit Löschdecken und Zuständige für die Beleuchtung am Brandplatz.

Gemäß dem römischen Geschichtsschreiber Tacitus soll Kaiser Nero 64 v. Chr. veranlasst haben, sei es um seine Gärten, oder sei es um seinen Kaiserpalast prächtiger zu gestalten.

Nach dem großen neronischen Brand wurden Bauvorschriften erlassen, um die Feuergefahr zu vermindern. Die Strassen wurden breiter, es wurden mehr Plätze angelegt und die Stockwerkzahl der Häuser wurde beschränkt, außerdem musste von der Straße bis zum 1.Stock das Baumaterial aus Stein/Ziegel bestehen.

1.3. Mittelalter

***Bild 1:** Quelle Virtaler Baudichte und Brandsicherheit 1954/VFDB-Zeitschrift*

Im Mittelalter erlebte der Brandschutz einen großen Rückschritt. Das Feuer galt als eine Strafe Gottes, in die nicht eingegriffen werden durfte. Eigentlicher Brandschutz galt vielfach als Gotteslästerung. In der Regel wurde nicht gelöscht, sondern die Bewohner flüchteten vor dem Feuer. Dabei wütete das Feuer im Mittelalter sehr oft.

Dabei kam es zu ungewollten Bränden, aber auch zu Brandstiftungen.

Noch im **12. und 13. Jahrhundert** waren Schornsteine unbekannt.

Die Städte waren aber schon recht groß, so dass das 12. - 14.Jahrhundert die Periode der großen Brände war.

Lübeck brannte im 12. Jahrhundert mehrfach ab. Straßburg brannte im 14.Jahrhundert achtmal ab.

Neben Feuern, die sich aus Unachtsamkeit unkontrolliert ausweiteten und Brandschatzungen in Kriegen, kam es auch häufig zu Brandstiftungen von Mordbrennerbanden. Erst ab dem 14. Jahrhundert brannte es weniger, da ab diesem Zeitpunkt solider gebaut und mehr Steine für die Bauten verwendet wurden.

Ganz tatenlos sah man aber auch im Mittelalter dem Feuer nicht zu. So gab es zum Beispiel Verordnungen, dass abends ab einer bestimmten Zeit alle Feuer ausgemacht werden mussten. Dies wurde vom Nachtwächter kontrolliert.

Im **13. - 14 Jahrhundert** gab es die ersten Feuerlöschverordnungen. Darin wurde zum Beispiel geregelt, dass Wein- und Wasserträger oder auch Bader bei Feuer sofort mit ihren Eimern Wasser zur Brandstelle bringen mussten.

Auch wurden Nachtwachen eingerichtet. Vermehrt wurden Wasserschöpfstellen durch Pumpwerke ständig mit Wasser versorgt und es entstanden nach und nach Wasserwerke.

Als Ausrüstung standen nur Ledereimer, Wasserfässer, Feuerhaken und Dachkrücken zur Verfügung.

Erst ab dem **14.Jahrhundert** gab es einfache Spritzen, die zunächst mit Eimern gespeist wurden.

Erst im **17. Jahrhundert** wurde der Schlauch erfunden, der zunächst aus genähtem Leder war; später wurde das Leder vernietet.

Mitte **18. Jahrhundert** wurden Hanfschläuche erfunden, die aber erst 100 Jahre später zuverlässig eingesetzt werden konnten, nachdem man ihnen eine Gummieinlage verpasst hatte.

Zwar wurde die eigentliche Feuerspritze 250 vor Chr. von Klesibios aus Alexandria erstmals erfunden, doch ging dieses Wissen später verloren.

Im **16. Jahrhundert** wurde die Feuerspritze zum zweiten Mal erfunden.

Erst Mitte des **19. Jahrhunderts** bekamen die Spritzen auch ein Saugwerk, mit dem sie das Wasser selbständig über Rohre oder Schläuche ansaugten.

1.4. Gründung der Feuerwehren

Zwar wurden in Amerika bereits im **18. Jahrhundert** die ersten Feuerwehren ins Leben gerufen; doch in Europa wurden erst Mitte des **19. Jahrhundert** die ersten Freiwilligen Feuerwehren gegründet. Sie gingen oft aus den Steigerabteilungen der Turnvereine hervor. Welche Stadt die erste Freiwillige Feuerwehr gegründet hat, lässt sich heute nicht mehr genau feststellen.

Zu den Ersten zählen aber auf jeden Fall Meissen, Barmen, Genf, Basel und Durlach.

1851 wurde die erste Berufsfeuerwehr Deutschlands in Berlin gegründet.

Die erste Feuerwehrversammlung fand am 10.7.1853 in Plochingen mit 10 Feuerwehren statt. Im Jahr darauf waren es bereits 20; 1862 waren es 135 Feuerwehren.

In Hessen erließ Ernst Ludwig, Großherzog von Hessen und bei Rhein, am 29. März 1890 per Gesetz eine Landesfeuerlöschordnung.

Auszug:

"Hiernach hat jede Gemeinde die nötigen Feuerlösch- und Rettungsgerätschaften anzuschaffen und im Stande zu halten, für Beschaffung von Wasservorräten, soweit es die Verhältnisse gestatten, sowie für die Einrichtung und Unterhaltung einer ausgerüsteten und eingeübten Feuerwehr und eines sachgemäßen Feuermeldewesens zu sorgen."

Daraufhin wurden in Deutschland viele Feuerwehren gegründet, was erklärt warum zurzeit so viele Feuerwehren ihr 100-jähriges Jubiläum feiern.

2 DAS FEUER

Quelle: Virtaler – Baudichte und Brandsicherheit 1954/VFDB-Zeitschrift – Forschung und Technik im Brandschutz 2/55

2.1 Einleitung

Das Feuer gehört wie das Wasser, die Erde und die Luft zu den 4 Elementen, die uns seit alters her in den Grenzwissenschaften überliefert wurde, jedoch noch von Aristoteles in der damaligen Zeit mit einem 5. Element der Quinta Essentia ergänzt wurde. Es hat in der Sagen- und Mythologiewelt einen bemerkenswerten Platz eingenommen wie kein anderes Element.

Seit die Menschheit das Feuer unter ihre Kontrolle zu bringen versuchte und es in der Technik nutzbar wurde, die Kohle das Holz ablöste, begann im 19. Jhd. die Industrialisierung, ein Segen für die Wirtschaft und den Alltag (90% der umgewandelten Energie), weniger erfreulich bezüglich der Luft- und Umweltverschmutzung.

2.2 Begriffe und deren Bedeutung

Das **Feuer** (von althochdeutsch: *fiur*) ist eine Form der chemischen Verbrennung mit Flammenbildung, bei der Licht und Wärme abgegeben werden. Verbrennung wird als Brand bezeichnet, eine Verbrennung ohne Flammenbildung als Glut.

2.3 Vorgang

Um ein Feuer zu *entzünden*, also einen brennbaren Stoff oder ein brennbares Material *anzuzünden* bedarf es mehrerer Bedingungen:

- einen Brennstoff
- Sauerstoff
- das richtige Mengenverhältnis (von Brennstoff zu Sauerstoff)
- eine *Initialzündung*, um die Zündtemperatur zu erreichen:
  - ➔ durch Reibung
  - ➔ durch Funkenschlag
  - ➔ durch Luftkompression

Bei einem Feuer findet eine heftige Verbrennung statt.

Darunter verstehen wir folgendes:

Ein brennbarer Stoff, z. B. Kohlenstoff (C), der Hauptbestandteil von Holz und Kohle, und Sauerstoff (O), der in der Luft enthalten ist, verbinden sich zu einem dritten Stoff, in unserem Beispiel zu Kohlendioxid (CO_2). *(Internet-Recherche)*

Dabei wird Energie in Form von Wärme und Licht frei.

Ist diese Energie hoch, wird ein Feuer sichtbar als Flamme und Glut. Andernfalls findet die Verbrennung langsamer und ohne sichtbare Lichterscheinungen statt.

Zur Entstehung eines Feuers ist eine bestimmte Anfangstemperatur nötig (Entzündungstemperatur).

Holzkohle brennt ab einer Temperatur von 350 °C. Daher verwenden wir beim Grillen Spiritus zum Anzünden.

Holz brennt je nach Feuchtigkeit ab 220 bis 320 °C und Papier ab 185 °C. *(Internet-Recherche)*

Danach kann die Temperatur meist etwas niedriger sein, damit die Verbrennung sich fortsetzt (Brenntemperatur). Die nötige Wärme gewinnt das Feuer aus sich selbst.

2.4 Feuerlöschen

Wenn eine der drei nachfolgend genannten Bedingungen wegfällt, erlischt das Feuer.

Also:

- Der brennbare Stoff ist zu Ende.
- Die Sauerstoffzufuhr ist gestoppt.
- Die Brenntemperatur ist zu sehr abgekühlt.

Zur Brandbekämpfung muss eines von drei, für Feuer notwendigen, Dingen entzogen werden:

1. Sauerstoff, wodurch die Flamme "erstickt". Die Feuerwehr verwendet hierzu Löschschaum, der sich wie eine Decke über den Brandherd legt.
2. Energie. Abkühlen brennbarer Materialien unter die Zündtemperatur (mit Wasser), wobei die Wirkung der o. g. Initialzündung rückgängig gemacht und dem Feuer die Energie genommen wird.
3. Brennstoff.

2.5 Chemisch-physikalische Betrachtungen

Chemisch gesehen ist Feuer eine Redoxreaktion mit Flammenerscheinung; vgl. Verbrennung (Chemie). Bei der Verbrennung von organischen Materialien werden die vorhandenen Kohlenwasserstoffe unter Sauerstoffüberschuss in Kohlendioxid und Wasser umgewandelt.

Feuer kann auch als eine besondere Form von Plasma angesehen werden; siehe Versuche mit Plasmamessung im Versuchslabor der Universität Stuttgart.

Feuer ist auch eine physikalische Erscheinung und eine exotherme Reaktion (Feuer gibt mehr Energie ab, als es zum Zünden benötigt). Heiße Teilchen, die aus dem brennenden Material entweichen, also Rauch oder Gas, erlangen kurzzeitig ein höheres Energieniveau. Dabei werden die Elektronen auf eine höhere Bahn gebracht. Da dieses Energieniveau des einzelnen Atoms/Moleküls instabil ist, fällt das Elektron nach einer bestimmten Halbwertszeit auf seine ursprüngliche Bahn zurück. Dabei gibt es Energie in Form eines Lichtquants (Photons) ab. Man spricht hierbei von Emission. Nicht jede Emission ist für das menschliche Auge sichtbar, es entsteht häufig auch infrarote Strahlung. Das Photon hat die Energie oder

$$E = h \cdot c \cdot \lambda^{-1}.$$

Vereinfacht gesagt ist Feuer also das Verbrennen von Gasen, die die dabei entstehende Energie in Form von Licht und Wärme an die Umgebung abgeben.

2.6 Das Feuer in den Mythen

Durch die griechischen Sagen ist überliefert, dass Prometheus den Menschen aus Lehm und Wasser formte, aus Mitleid aber ihm das Feuer einhauchte. Dafür wurde Prometheus von Zeus bestraft und der Menschheit die Büchse der Pandora vermacht.

Da das Feuer sowohl göttlich, wie auch dämonisch, als lebenserhaltend wie auch lebensbedrohlich angesehen wurde, haben es die Völker als Kultgegenstand in ihr Leben integriert.

So ist es überliefert bei den

- Azteken als der Kriegsgott
- Germanen als der Genius der Zerstörung
- Christentum als der Lichtbringer Luzifer, u. a. m.

Mit dem entsprechenden Symbolismus des z.B.

- Weltenbrandes der Germanen
- Phönix aus der Asche

2.7 Symbolismus in den Religionen

- ➔ Bei den Römern war die Göttin des Herdfeuers Vesta; die Vestalinen hatten dementsprechend besondere Privilegien.
- ➔ Bei den Juden im Alten Testament ist der brennende Busch mit der Sentenz „Ich bin der Ich bin" überliefert
- ➔ Bei den Urchristen gemäß der Apostelgeschichte zeigte sich der Heilige Geist in Feuerzungen über den Köpfen.

Und nicht zu vergessen, in den alten Weltreligionen wie dem Hinduismus, welcher bis heute noch und vor allem in den NewAge-Religionen das Agni (-Yoga)-Feuer als Lebensessenz eine Rolle spielt.

2.8 Alternativ-Medizin

Überliefert ist uns auch das Feuer in der alten Chinesischen Medizin im sog. Ernährungskreislauf der 5 Elemente. Die Beziehung Feuer-Wasser ist logischerweise die Opposition Herz-Niere!

3 BRAND

Quelle: Virtaler – Baudichte und Brandsicherheit 1954/VFDB-Zeitschrift – Forschung und Technik im Brandschutz 2/55

Die Ursachen, die zur Entstehung eines Brandes führen, können verschiedener Natur sein. Grundsätzlich müssen jedoch für die Entstehung eines Brandes die Voraussetzungen einer Verbrennung erfüllt sein. Brandursachen können technische Brandursachen, natürliche Brandursachen und Brandstiftung sein.

3.1 Einteilung nach Brandklasse und Art

Zur erfolgreichen Brandbekämpfung muss ein Brand richtig erkannt und eingeteilt werden, um eine richtige Wahl der Löschmittel zu treffen. Diese Einteilung ist allgemein in den Brandklassen vollzogen. Alle haben ihre Eigenarten.

Nach der Europäischen Norm *EN2* erfolgt die Einteilung der Brände in die Brandklassen A, B, C, D und F.

In der *Europäischen Norm* **EN2** war Anfangs auch eine *Brandklasse* **E** vorgesehen. Diese sollte für Brände in elektrischen Niederspannungs-Anlagen (bis 1.000 Volt) gelten; sie wurde aber wieder verworfen.

Brandklasse	Definition	Beispiele	Löschmittel
A	Brände fester Stoffe hauptsächlich organischer Natur, die normalerweise unter Glutbildung verbrennen	Holz, Kohle, Papier, Textilien, Autoreifen, einige Kunststoffe, Stroh, usw.	Wasser, wässrige Lösungen, Schaum, CO2, ABC-Pulver
B	Brände von flüssigen und flüssig werdenden Stoffen (Dazu zählen auch Stoffe, die durch die Temperaturerhöhung flüssig werden!)	Benzin, Alkohol, Teer, Wachs, viele Kunststoffe, Äther, Lacke, Harz, usw.	Schaum, ABC-Pulver, BC-Pulver, CO2
C	Brände von Gasen	Ethin (Acetylen), Wasserstoff, Erdgas, Letan, Propan, Stadtgas, usw.	ABC-Pulver, BC-Pulver, (Kohlendioxid nur in Ausnahmefällen: hierfür gibt es sehr, sehr selten speziell konstruierte Sonderfeuerlöscher mit Gasstrahldüse), Gaszufuhr durch Abschiebern der Leitung unterbinden
D	Brände von Metallen	Aluminium, Magnesium, Natrium, Kalium, Lithium, usw. (und deren Legierungen)	Metallbrandpulver (D Pulver), trockener Sand, trockenes Streu- oder Viehsalz, trockener Zement, Grauguss-Späne
F	Brände von Speisefetten und -ölen in Frittier- und Fettbackgeräten und anderen Kücheneinrichtungen und -geräten" (Fettbrand)	Speiseöle und Speisefette	Topfdeckel, Speziallöschmittel(Flüssiglöschmittel aus Brandklasse F-Handfeuerlöscher)

Tabelle 2: *Brandklassen*
Quelle: DIN EN2 sowie Internet-Recherche

3.2 Zündtemperatur

Die Zündtemperatur ist die niedrigste Temperatur, bei der

- ein fester Stoff zum Brennen angeregt wird
- ein *explosionsfähiges Luft-Dampfgemisch* bei Berührung zum Brennen angeregt wird.

Da die Zündtemperatur von verschiedenen Randbedingungen abhängt, lässt sich eine genaue Angabe der Zündtemperatur eines bestimmten Stoffes nur grob angeben. Beeinflusst wird die Zündtemperatur zu Beispiel von:

- Art der Zündquelle
- Dauer der Erwärmung
- Sauerstoffgehalt der Umgebungsluft
- das Verhältnis Oberfläche zu Masse
- der Feuchtigkeitsgehalt des Stoffes.

Beispiele für Zündtemperaturen verschiedener Stoffe

Stoff	**Zündtemperatur [°C]**
Feste Stoffe	
Holzkohle	350
Holz	220 - 320
Papier	185 - 360
Schwefel	250
Flüssige Stoffe	
Alkohol	425
Benzin	240 - 500
Petroleum	280
Schmieröle	510 - 610
Gasförmige Stoffe	
Acetylen	305
Kohlenmonoxid	605
Methan	595
Wasserstoff	560

Tabelle 3: *Zündtemperaturen*

Quelle: Internet-Recherche sowie Virtaler – Baudichte und Brandsicherheit 1954/VFDB-Zeitschrift – Forschung und Technik im Brandschutz 2/55

3.3 Explosion

Eine Explosion ist eine sehr schnelle Verbrennung, die eine Temperatur- oder Druckerhöhung oder beides gleichzeitig bewirkt. Nach der Ausbreitungsgeschwindigkeit und Druckerhöhung unterscheidet man zwischen **Verpuffung**, **Deflagration** und **Detonation**.

3.3.1 Verpuffung

Eine Verpuffung ist eine Explosion mit einer Flammenausbreitungsgeschwindigkeit unter 1m/s und einem geringen Druckanstieg unter 1 bar.

3.3.2 Deflagration

Eine Deflagration ist eine gedämmte Explosion mit einer Flammenausbreitungsgeschwindigkeit unter der Schallgrenze (bis 330m/s) und einem Druckanstieg bis zu 1-14 bar.

3.3.3 Detonation

Eine Detonation ist eine aufs äußerste gesteigerte Explosion mit einer Flammenausbreitungsgeschwindigkeit von bis zu einigen km/s und einem Druckanstieg von mehr als 10 bar. Sie tritt meist auf, wenn der brennbare Stoff mit reinem Sauerstoff gemischt vorliegt, wie zum Beispiel bei der Knallgasreaktion (Wasserstoff-Sauerstoff-Gemisch) oder bei Sprengstoffen.

3.4 Flash-over

Der Flash-Over (deutsch: "Feuerübersprung"), mittlerweile als "Backdraft" schon zu Hollywood-Ehren gekommen, stellt eine besondere Gefahr für die Einsatzkräfte dar.

In einen verschlossenen Raum sei der Sauerstoff aufgebraucht. Durch starke Wärmeentwicklung bei der Entstehungsphase eines Brandes werden brennbare Stoffe in einem Raum thermisch aufbereitet. Es entstehen Brandgase, die ein explosives Gemisch bilden und ihre Zündtemperaturen erreichen. Wird nun dem Gemisch Sauerstoff hinzugefügt (z.B. durch das Öffnen der Zimmertür), so sind alles Voraussetzungen für eine Oxidation vorhanden. Es kommt zu einem schlagartigen Durchzünden und einer Brandübertragung (Stichflamme!).

3.5 Verbrennungen

„Verbrennung“ = Oxidation von Nährstoffen. Im allgemeinen Sprachgebrauch versteht man unter einer Verbrennung die Redoxreaktion eines Materials mit Luftsauerstoff. Zu unterscheiden ist eine Verbrennung in Form eines Feuers mit Flammenschein von einer unvollständigen Verbrennung (Schwelbrand), sowie langsamen und relativ kalten Oxidationen, etwa beim Verrosten von Metallen oder innerhalb eines Lebewesens.

3.5.1 Luftzahl

Für die Verbrennung an Luft wird die sogenannte Luftzahl benötigt. Diese ist ein Verhältniswert aus den Anteilen der Umgebungsluft, hauptsächlich also Sauerstoff

und Stickstoff:

$$c_{O_2} = 21\,\%;\, c_{N_2} = 79\,\% \rightarrow \frac{79}{21} = 3{,}76\,\frac{\mathrm{molN_2}}{\mathrm{molO_2}}$$

3.6 Gefahren von Rauchgas

Quelle: Internet-Recherche sowie Staatsverlag DDR, Berlin 1977

Die Rauchvergiftung ist generell eine verbreitete Todesursache insbesondere bei Wohnungsbränden. Dabei tritt der Tod meist ein durch eine Kombination thermischer Verletzungen mit Erstickung und Lungenreizung.

Die Hauptgefahr bei einem Brand stellt der giftige Rauch dar. Die in ihm enthaltenen Atemgifte (z. B.: Kohlenstoffmonoxid, Cyangase, u. v. m.) führen bereits nach wenigen Atemzügen zur Bewusstlosigkeit und können toxische Lungenödeme verursachen. Der Tod tritt meist durch Ersticken ein.

Die hohe Temperatur stellt eine weitere Gefahr dar. Sie kann einen Organismus sehr schnell zum Austrocknen oder Verkohlen bringen. Auch Hautverbrennungen sind die Folge, wenn man mit den Flammen in Berührung kommt.

Wirkung von Gasen und Dämpfen auf den Menschen

Art des Gases bzw. Dampfes	Tödlich bei Einatmung über 5...10 min		Giftig bei Einatmung über 30...60 min		Erträglich bei Einatmung über 30...60 min	
	Konzentration					
	%	$mg \cdot l^{-1}$	%	$mg \cdot l^{-1}$	%	$mg \cdot l^{-1}$
Äthen	95,0	1 100,0	80,06	920,0	50,000	575,00
Äthin	50,0	550,0	25,00	275,0	10,000	110,00
Aminobenzol	—	—	—	—	0,013	0,50
Ammoniak	0,5	3,5	0,25	1,7	0,025	0,17
Benzin	3,0	120,0	2,00	80,0	1,500	60,00
Benzol	2,0	65,0	0,75	25,0	0,300	10,00
Chlor	0,025	0,7	0,0025	0,07	0,00025	0,007
Chlorwasserstoff	0,3	4,5	0,10	1,5	0,010	0,15
Kohlendioxid	9,0	162,0	5,00	90,0	3,000	54,00
Kohlendisulfid	0,2	6,0	0,10	3,0	0,050	1,50
Kohlenmonoxid	0,5	6,0	0,20	2,4	0,100	1,20
Kohlensäuredichlorid	0,005	0,2	0,0025	0,1	0,0001	0,004
Schwefeldämpfe	0,3	8,0	0,04	1,1	0,0100	0,300
Schwefelwasserstoff	0,08	1,1	0,04	0,6	0,020	0,30
Stickstoffdioxid	0,05	1,0	0,01	0,2	0,005	0,10
Tetrachlormethan	5,0	315,0	2,5	158,0	1,000	63,00
Trichlormethan	2,5	125,0	1,5	75,0	0,500	25,00
Zyanwasserstoffsäure	0,02	0,2	0,01	0,1	0,005	0,05

Tabelle 4: *Wirkung von Gasen und Dämpfen auf den Menschen*
Quelle: Staatsverlag DDR, Brandschutzformeln und Tabellen, Berlin 1977

4 BRANDSCHADEN

Quelle: Virtaler – Baudichte und Brandsicherheit 1954/VFDB-Zeitschrift – Forschung und Technik im Brandschutz 2/55

Primär besteht der Brandschaden aus dem durch das Feuer vernichtete Hab und Gut. Aber auch die Folgeschäden (Sekundärschaden) sind nicht zu übersehen. Hierunter fallen Rauchschäden, Löschwasserschäden, Umweltschäden und Ausfallschäden (z.B. Betriebsunterbrechung; Lieferausfälle, Kundenverlust usw.).

Von Rauchschäden wird gesprochen, wenn durch die giftigen Rauchinhaltsstoffe Gegenstände, die nicht unmittelbar von der Hitze oder vom Feuer beeinträchtigt wurden, trotzdem unbrauchbar werden.

5 BRANDLEHRE

Quelle: Virtaler – Baudichte und Brandsicherheit 1954/VFDB-Zeitschrift – Forschung und Technik im Brandschutz 2/55

Ein Brand ist ein freiwillig ablaufender stofflicher Umsatz, dessen wichtigster Teilvorgang, nämlich die Verbrennung der brennbaren Bestandteile des Brandobjekts, Energie, hauptsächlich in Form von Wärme und Licht, liefert.

Die teils physikalischen, teils chemischen Begleitvorgänge der Verbrennung, die gegebenenfalls das Brandobjekt „aufbereiten"; d.h. durch Verdampfung, Sublimation, Zersetzung und ähnliche Stoffumwandlungen die eigentlichen Brandstoffe erst bilden, werden durch einen Teil der bei der Verbrennung freiwerdenden Energie unterhalten.

Die Einleitung des Brandes ist die „Zündung". Sie erfolgt meist an einer räumlich begrenzten Stelle, von der aus sich der Brand ausbreitet. Die Geschwindigkeit der Ausbreitung ist ebenso wie die Geschwindigkeit des sich unter Umständen einstellenden stationären Brandes eine Funktion verschiedener Größen, unter denen die stoffliche Natur und der Verteilungszustand der Brandstoffe besonders hervorragen.

Ausgangspunkt und Grundlage der Brandlehre ist die Erfassung und Beschreibung aller stofflichen Umwandlungen, die sich beim Brand vollziehen, also der Chemismus der Brände.

Er umfasst die Darstellung des Wesens der eigentlichen Verbrennung als Oxydation sowie ihre elektronentheoretische Deutung, die Chemie der Brandstoffe einschließlich ihrer physikalischen und chemischen Veränderungen beim Brand, ferner die Chemie der Sauerstoff-Träger und die der Verbrennungsprodukte.

Der mit dem Stoffumsatz verknüpfte Energieaustausch wird durch die Thermodynamik gedeutet. Die Anwendung der thermodynamischen Energiegrößen und der zwischen ihnen bestehenden Beziehungen auf das Brandgeschehen gestattet quantitative Aussagen in Bezug auf die umgesetzten Energien und führt schließlich zu einem Maß für die Triebkraft der Verbrennung.

Die Zündung und die Fragen der Ausbreitungs-, Verbrennungs- und Abbrandgeschwindigkeiten sind Gegenstände kinetischer Betrachtungen. Es ergibt sich so eine Dreiteilung der Brandlehre in den Chemismus, die Thermodynamik und die Kinetik der Brände.

5.1 Der Chemismus der Brände

Unter den bei Bränden ablaufenden, mitunter sehr verwickelten chemischen Reaktionen ragt die eigentliche Verbrennung der brennbaren Anteile des Brandstoffes, die eine Vereinigung mit Sauerstoff (Oxydation) ist, besonders hervor.

5.1.1 Brennbare Stoffe

In diesem Kapitel wird zunächst der allgemeine Formalismus für die Einteilung der brennbaren Stoffe kurz skizziert.

Die speziellen stofflichen Eigenschaften der vielen natürlichen und technischen brennbaren Stoffe werden nur gestreift; darüber gibt es eine umfangreiche Spezialliteratur:

Daran schließen sich einige Gedanken über die Bedingungen der Brennbarkeit der Stoffe und eine Darstellung der die Brennbarkeit kennzeichnenden Größen an. Ein Abschnitt über die nichtoxydativen Veränderungen, die die Brandstoffe beim Brennen erfahren, beschließt das Kapitel.

5.1.2 Systematische Einteilung der Brandstoffe

Brandstoffe sind alle natürlichen und technischen, d.h. modifizierten natürlichen und synthetischen Stoffe, soweit sie unter den bei Bränden herrschenden Bedingungen brennbar sind. Der Begriff „Brandstoff" ist keine chemische Stoffklassenbezeichnung; die Brandstoffe entstammen vielmehr fast allen und damit sehr unterschiedlichen chemischen Stoffgruppen; sie können in jeder der drei Zustandsformen auftreten und sehr verschiedene Verteilungsformen haben. Es ist durchaus zweckmäßig, die systematische Einteilung der Brandstoffe unter den gleichen Gesichtspunkten vorzunehmen, die sich in der Chemie für die Einteilung der Gesamtheit aller Stoffe herausgebildet hat.

Diese Einteilung folgt dem stufenweisen Aufbau der Materie.

Quelle: Internet-Recherche

Reine gasförmige Phase:	Sauerstoff	O_2
Reine flüssige Phase:	Wasser	H_2O
Reine feste Phase:	Magnesium	Mg
Gasförmige Mischphase	Knallgas	O_2, H_2
Flüssige Mischphase	wässrige Glycollösung	$HO–CH_2–CH_2$-OH, H_2O
Feste Mischphase aus 2 Komponenten	Messing	Cu, Cn

Die Anwendung des Einteilungsschemas der allgemeinen Phasenlehre auf die Brandstoffe führt zu nachstehender Übersicht.

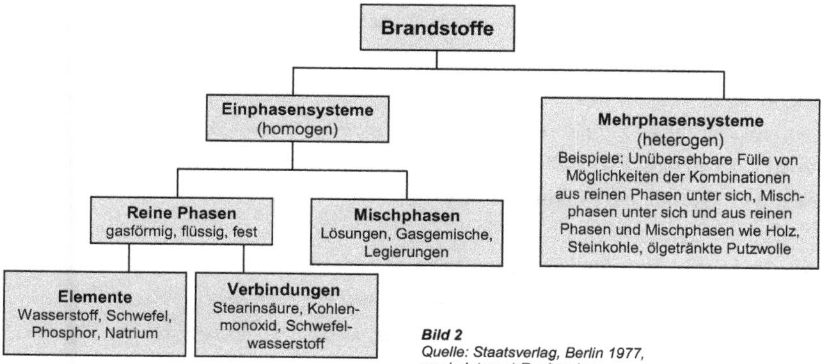

Bild 2
Quelle: Staatsverlag, Berlin 1977, sowie Internet-Recherche

5.1.3 Einphasensystem

Einphasensysteme, und zwar sowohl reine Phasen als auch Mischphasen, spielen als gasförmige, flüssige und feste Brandstoffe eine bedeutsame Rolle. Die flüssigen und die sublimierenden festen Phasen stehen unter normalen Umständen im Gleichgewicht mit ihrem Dampf; sie müssten daher streng genommen unter die Mehrphasensysteme eingereiht werden. Da man sie aber entsprechend der jeweils kondensierten Phase als „flüssige" bzw. „feste" Brandstoffe zu bezeichnen pflegt und da bei Atmosphärendruck und nicht erhöhter Temperatur das Phasengleichgewicht in den meisten Fällen weit auf Seiten der kondensierten Phase liegt, werden sie, unter Außerachtlassung der jeweils mit ihnen im Gleichgewicht stehenden dampfförmigen Phase, in diesem Abschnitt besprochen.

Als Brandobjekte sind sie Gleichgewichtssysteme (Mehrphasensysteme) und als solche zu behandeln, vor allem deshalb, weil die Flüssigkeiten beim Brennen stets verdampfen und feste Stoffe bei der flammenden Verbrennung je nach Art des Stoffes flüssig werden und dann verdampfen oder sublimieren. Brandobjekt ist das Mehrphasensystem, Brandstoff im engeren Sinn die homogene Gasphase.

5.1.4 Reine Phasen

Zu den reinen einphasigen Brandstoffen gehören in erster Linie die brennbaren Gase. Ein typischer Vertreter ist der Wasserstoff, der vorzugsweise durch Elektrolyse des Wassers gewonnen wird und als Schweißgas sowie Sondergas bei technischen Prozessen zum Einsatz kommt.

5.1.5 Mehrphasensystem

Die in der Praxis vorkommenden Mehrphasensysteme sind Kombinationen von reinen Phasen oder von Mischphasen unter sich oder von reinen Phasen mit Mischphasen zu heterogenen Systemen.

Von besonderem feuerlöschtechnischem Interesse sind die Stäube, die teils als unerwünschter technischer Staub, z. B. als Verschleiß- und Verarbeitungsstaub, als Abfallstaub und Feuerungsstaub, teils als erzeugter Staub, z.B. bei der Herstellung pulverförmiger Massengüter, bei der Vermahlung, Zerstäubung und bei sonstigen Verfahren in großen Mengen anfallen und in nicht wenigen Fällen eine Quelle großer Explosions- und Feuergefahren darstellen.

5.1.6 Praktische Einteilung der Brandstoffe

So werden z. B. nach DIN 4102 die Baustoffe hinsichtlich ihrer Brennbarkeit in

- die Gruppe der **brennbaren**, *(leichtentflammbar, Klasse B3; normalentflammbar, Klasse B2)*
- die Gruppe der **schwerentflammbaren** und *(Klasse B1)*
- die Gruppe der **nichtbrennbaren Baustoffe** eingeteilt *(Klasse A).*

Als ***brennbar*** gelten diejenigen Baustoffe, die bei Erreichen ihres Zündpunktes in Luft ohne Wärmezufuhr von außen weiterbrennen.

Als ***schwerentflammbar*** werden diejenigen Baustoffe bezeichnet, die zwar entzündet werden können, nach Wegnahme der Zündquelle aber weder weiterbrennen noch weiterglühen.

Nichtbrennbar sind diejenigen Baustoffe, die in Luft überhaupt nicht entzündet werden können.

Es bestehen verschiedene Möglichkeiten hinsichtlich des Aufbaus von Brandstoffen:

a.) Brandstoffe, die nur brennbare Elemente enthalten. Diese Stoffe können entweder selbst brennbare Elemente sein; es kann sich aber auch um eine Mischung brennbarer Elemente im Sinne eines Mischphasen- oder Mehrphasensystems handeln; ein Beispiel hierfür wäre eine Verteilung von Magnesiumstaub in Wasserstoff. Schließlich können Verbindungen vorliegen, die nur aus brennbaren Elementen bestehen; z.B. Hexan C6H14, oder Mischphasen- oder Mehrphasensysteme aus Verbindungen allein oder solchen und anderen Elementen.

b.) Brandstoffe, die brennbare und unbrennbare Elemente enthalten. Bei diesen Stoffen ist die Brennbarkeit eine Funktion des Mengenverhältnisses und des „Gewichts" der verschiedenen Elemente.

5.1.7 Kennzeichnung der Feuergefährlichkeit

Die Kennzeichnung der Feuergefährlichkeit von Stoffen erfolgt durch Angabe

- des **Flammpunktes**
- des **Brennpunktes**
- des **Zündpunktes** (Selbstentzündungstemperatur) und
- der **Explosionsgrenzen**

Durch den Flammpunkt und den Brennpunkt werden die Brennbarkeitseigenschaften von Flüssigkeiten charakterisiert. Zündpunkte werden für Flüssigkeiten und feste Stoffe angegeben.

Die Explosionsgrenzen charakterisieren die Gefährlichkeit von Gasen und Dämpfen.

5.1.8 Der Flammpunkt

Unter dem Flammpunkt einer Substanz wird diejenige niedrigste Temperatur in °C verstanden, bei der die Testsubstanz bei 760 mm Hg in einem Gerät vereinbarter Konstruktion und Abmessungen so viel brennbare Dämpfe entwickelt, dass diese Dämpfe mit der unmittelbar über der Oberfläche der Testsubstanz befindlichen Luftschicht eine entzündliche Mischung bilden.

5.1.9 Der Brennpunkt

Der Brennpunkt ist die niedrigste Temperatur, bei der die von der Testsubstanz entwickelten Dämpfe nach vorübergehender Annäherung der Zündflamme in einem vorgeschriebenen Apparat von selbst weiterbrennen.

Die Prüfung des Brennpunktes wird in Flammpunktsprüfern vorgenommen.

5.1.10 Der Zündpunkt

Der Zündpunkt ist die niedrigste Temperatur, bei der sich eine brennbare Substanz im (günstigsten) Gemisch mit Luft an einer erhitzten Wand von selbst entzündet.

Der Zündpunkt ist keine absolute Stoffkonstante, sondern von der Messapparatur, dem Luftdruck (und der Luftmenge) abhängig. Er steht jedoch in Beziehung zur Konstitution der Stoffe.

5.1.11 Sauerstoffträger

Der bei Bränden zur Oxydation der brennbaren Bestandteile der Brandstoffe erforderliche Sauerstoff steht in den meisten Fällen als Luftsauerstoff in ausreichender Menge zur Verfügung. Nur selten wird er von anderen Sauerstoffträgern geliefert.

5.1.12 Die Luft

Die Luft umgibt die Erde als sog. Atmosphäre. Unmittelbar über der Erdoberfläche ist die Dichte der Atmosphäre am größten; dort wiegt ein Liter Luft bei 0°C 1,293 g. Mit zunehmender Entfernung von der Erdoberfläche nimmt die Dichte der Atmosphäre mehr und mehr ab. Aufgrund ihres Gewichts übt die Luft auf alle Körper auf der Erde einen Druck aus, der gleich dem Gewicht der auf dem Körper lastenden Luftsäule ist. Steigt man von der Erdoberfläche aus in die Höhe, so nimmt der Luftdruck gesetzmäßg ab; in etwa 5400 m Höhe herrscht nur noch die Hälfte, in etwa 11000 m Höhe nur noch der vierte Teil des Luftdrucks auf der Erdoberfläche. Die Zusammensetzung der Luft ist bis in die obersten, dünnsten Schichten nahezu konstant.

Trockene Luft stellt ein Gemisch dar aus

75,00 Vol.-%	**(= 75,46 Gew.-%)**	**Stickstoff**
20,95 Vol.-%	**(= 23,19 Gew.-%)**	**Sauerstoff**
0,94 Vol.-%	**(= 1,30 Gew.-%**	**Edelgase**
0,03 Vol.-%	**(= 0,05 Gew.-%)**	**Kohlendioxyd**

Tabelle 5 : Luftgemisch
Quelle: Staatsverlag, Berlin 1977, sowie Internet-Recherche

Der Kohlendioxydgehalt der Luft schwankt im Allgemeinen etwas und kann in den Industriegebieten bis auf 0,07 Vol. % ansteigen.

5.2 Brandgas, Rauch, Ruß, Asche

Ein ***Brandgas*** entsteht, wenn das Brandobjekt unter gegebenen Brandbedingungen weder feste Oxyde noch sonstige feste Stoffe in den abziehenden Gasstrom entsendet und keinen Russ bildet. Ein typisches Beispiel hierfür ist das Brandgas des Sprits (Ethanol). Es ist mit dem Auge nicht wahrnehmbar. Da die Äthanolflamme auch fast farblos ist, kann unter Umständen die Tatsache des Brennens nur an der Hitzeentwicklung und der Schlierenbildung in der Luft erkannt werden.

Der ***Rauch*** ist nicht selten das erste Anzeichen eines ausgebrochenen Brandes. Unter Tage und bei Bränden auf Schiffen ist er oft das einzige Symptom eines an versteckter Stelle schwelenden Brandes. Die vielfach bekannten Rauchmeldeanlagen stellen den Rauch in den Dienst der Feuermeldung.

Die Rauchmelder arbeiten vorwiegend nach zwei Prinzipien.

Bei den photo-elektrischen Rauchmeldern erzeugt die durch den Rauch hervorgerufene Trübung eines Lichtstrahls eine Änderung im Stromkreis einer Photozelle. Diese Rauchmeldeanlagen gestatten unter Ausnutzung des TYNDALL-Effektes (seitliche Streuung des Lichts an den kleinen Rauchteilchen; *Quelle: Internet-Recherche*) gleichzeitig eine optische Feststellung, auf welchen Rauchkanal die Photozelle angesprochen hat, und damit auch, in welchem Überwachungsabschnitt die Rauchquelle liegt.

Ein Nachteil dieses Prinzips besteht darin, dass die Anlagen einerseits beispielsweise auch auf Staub ansprechen und andererseits bei Bränden ohne Rauchentwicklung versagen.

Die nach dem Ionisationsprinzip oder als Mehrfunktionenprinzip (Streulicht, Flamme, Wärme) arbeitenden autom. Brandmelder weisen diese Nachteile nicht in so starkem Masse auf.

Die ***Russbildung*** ist umso stärker, je reicher der Brandstoff an Kohlenstoff im Vergleich zu den übrigen brennbaren Elementen, vor allem Wasserstoff und je unvollkommener die Verbrennung ist.

Starke Russbildner werden erzeugt durch Rohöle, Schweröle, Benzol, Azetylen, Naphthalin, Gummi u. v. a. Stoffe. Der Feinheitsgrad der Russteilchen ist unterschiedlich. Oft ballen sich feinste Russpartikel zu größeren Teilchen zusammen, die aus dem Rauch ausflocken.

Man unterscheidet verschiedene Russarten:

a. den Flockenruß,

b. den Staubruß

c. den Hartruß,

d. den Glanzruß und

e. den Schmierruß.

Der Flockenruß ist sehr gefährlich, weil er lange glüht und deshalb zur Brandausbreitung durch Funkenflug beiträgt. Die Asche enthält in der Hauptsache unbrennbare, bei der Brandtemperatur noch nicht merklich verdampfende mineralische Anteile brennbarer organischer Naturstoffe, unverbrannten Kohlenstoff, unverbrannte Metalle und vor allem Oxyde in fester Form. Asche mit sehr kleinen, aber nicht mehr in die kolloiden Größenordnungen fallenden Partikeln wird Flugasche genannt. Asche in kompakter Form, z. T. zusammengesintert mit mineralischen Bestandteilen, heißt Schlacke.

Die ***Asche*** und die sonstigen Brandobjektrückstände sind für die Kriminalistik zur Aufklärung der Brandursachen wichtig.

5.3 Die Verbrennungsgeschwindigkeit

Der grundlegende Begriff für die Theorie der Zündfortpflanzung ist die Verbrennungsgeschwindigkeit.

5.3.1 Arten der Verbrennungsfortpflanzung

Die Verbrennungsgeschwindigkeiten sind je nach der chemischen Reaktionsgeschwindigkeit, dem Mischungsverhältnis zwischen brennbarem Gas und Luft, der Anwesenheit reaktionsbeschleunigender oder hemmender Zusatzstoffe, der Art des Reaktionsraums und der Beschaffenheit seiner Wände, dem Druck und verschiedenen anderen Faktoren sehr verschieden.

5.3.2 Die gewöhnliche Verbrennung

Bei der gewöhnlichen Verbrennung erfolgt die Erwärmung der jeweils an die Brennfläche angrenzenden Frischgasschicht in der Hauptsache durch Wärmeübertragung. Für die Verbrennungsgeschwindigkeit liegt die Größenordnung bei einigen Metern. Im Übrigen konnte eine restlos befriedigende Theorie der Flammenausbreitung noch nicht gefunden werden.

5.3.3 Die Detonation

Unter geeigneten Bedingungen vollzieht sich die Reaktion in der jeweils brennenden Schicht mit so großer Geschwindigkeit, dass die Teilchen in der angrenzenden Frischgasschicht keine Zeit finden, dem auf sie durch die Expansion in der Brennschicht ausgeübten Druck auszuweichen (die Grenzgeschwindigkeit, mit der Teilchen eines Körpers gerade noch elastisch ausweichen können, ist die Schallgeschwindigkeit). Die der Brennschicht jeweils benachbarte Schicht wird daher adiabatisch komprimiert, und durch die dadurch erfolgende Erwärmung tritt Zündung in der Schicht ein.

Die Stoßwelle der Detonation, die mit der Zone des chemischen Umsatzes gekoppelt ist, pflanzt sich mit Überschallgeschwindigkeit fort.

Die Detonationsgeschwindigkeit ist von äußeren Störungen weitgehend unabhängig, und zwar deshalb, weil sie sehr viel größer ist als die Geschwindigkeiten aller als Störungen in Frage kommenden Vorgänge.

5.3.4 Der Glutbrand

Während Flammbrände, besonders die typischen Flammbrände der hoch- feuergefährlichen Flüssigkeiten, durch die elementare Gewalt des entfesselten Elements und damit durch ihre Gefährlichkeit imponieren, aber mit ausreichenden Mengen geeigneter Löschmittel sicher abgelöscht werden können, widersetzen sich Glutbrände nicht selten hartnäckig jeglichem Versuch, sie abzulöschen, und dabei sind häufig diejenigen Verlaufsformen, die sich durch einen fast völligen Mangel äußerer Erscheinungen auszeichnen und daher harmlos erscheinen, am schwersten zu löschen. Es sei hier an Braunkohlenstaubbrände, Russbrände, Brände von Baumwollballen u. ä. erinnert.

Die zugehörigen Reaktionsmechanismen sind noch wenig erforscht. Von ihrer Aufklärung dürfen wichtige Rückwirkungen auf die Entwicklung neuer Löschmittel erwartet werden.

5.4 Brandverlauf

Der Verlauf eines Brandes wird im Wesentlichen bestimmt durch:

a. ***Menge und Art*** der brennbaren Materialien (Brandlast), die das Gesamt-Wärme potential darstellen,

b. ***Konzentration und Lagerungsdichte*** der Brandlast,

c. ***Verteilung*** der Brandlast im Brandraum,

d. ***Geometrie des Brandraumes***,

e. ***thermische Eigenschaften*** (insbesondere Wärmeleitfähigkeit und Wärmekapazität) der Bauteile, die den Brandraum umschließen,

f. ***Ventilationsbedingungen***, die die Sauerstoffzufuhr zum Brandraum steuern,

g. Löschmaßnahmen

5.4.1 Folgendes Bild zeigt in einer Prinzipdarstellung einen Brandverlauf

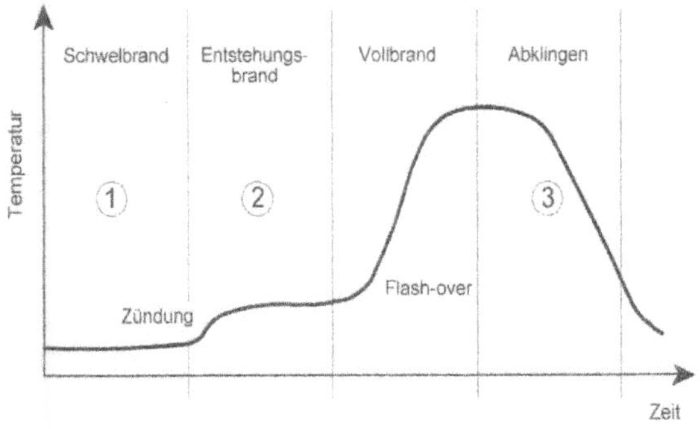

Bild 3
Quelle: Internet-Recherche sowie Staatsverlag DDR, Berlin 1977

Um einheitliche Prüf- und Beurteilungsgrundlagen für das Brandverhalten von Bauteilen zu schaffen, wurde auf internationaler Ebene eine „Einheitstemperaturzeitkurve" (ETK; *Quelle: DIN 4102*) festgelegt. Auf ihr basieren die Bauteilprüfungen nach DIN 4102-2, -3, -5, -6, -9 und -11.

Der Temperaturanstieg in der ETK wird nach folgender Gleichung bestimmt.

$$\Delta\theta(t) = \theta(t) - \theta_{t=0} = 345 \cdot log(8t + 1)$$

Quelle: Internet-Recherche sowie DDR-Staatsverlag, Berlin 1977

Nach dem Zünden des Feuers entsteht zunächst ein Schwellbrand. In dieser Phase breitet sich der Brandherd aus und erhitzt die Raumluft mehr oder weniger schnell, bis deren Temperatur zum

Feuerübersprung (engl. Terminus Technicus: „**flash over**") auf die Brandlast des gesamten Raumes ausreicht.

Die Charakteristik der Schwelbrandphase ist abhängig vom Raumvolumen und besonders von der Brandlast. So können dicht gelagerte Brandlasten lang dauernde Brandentwicklungs-Phasen haben, während bei Flüssigkeitsbränden von einer Schwelbrandphase kaum noch gesprochen werden kann; hier erfolgt der Feuerübersprung sehr rasch nach dem Zünden.

Nach dem Feuerübersprung beginnt die Erwärmungsphase des Vollbrandes. Die Raumtemperaturen wachsen nun stark an. Diese Brandphase wird außer von der Brandlast der Baustoffe und der Einrichtungsgegenstände im Wesentlichen durch die zur Verfügung stehende Sauerstoffmenge charakterisiert. Diese hängt wiederum primär von den Ventilationsbedingungen im Brandraum ab (eine Unterbindung der Sauerstoffzufuhr wird die Erwärmungsphase deutlich behindern), es entsteht der Schwelbrand.

Schwalmtal, den 17.12.2009

Rainer Jaspers

Literaturverzeichnis

1. *Virtaler – Baudichte und Brandsicherheit 1954*

2. *VFDB-Zeitschrift – Forschung und Technik im Brandschutz 2/55*

3. *Staatsverlag, Berlin 1977*

4. *DINEN 2 – Brandklassen*

5. *DIN 4102 – Brandverhalten von Baustoffen und Bauteilen*
   Teil 2 – Bauteile, Begriffe, Anforderungen und Prüfungen
   Teil 4 – Zusammenstellung und Anwendung klassifizierter Baustoffe, Bauteile und Sonderbauteile

6. *Bauphysik Handbuch – Brandschutz, Vieweg 2004*

7. *Bauregelliste – Mitteilungen des Deutschen Institutes für Bautechnik, Berlin*

8. *Dans J. – Handbuch für Chemiker und Physiker, Springverlag Berlin 1949*

9. *Demidor P.G. – Die Verbrennung, DEB-Verlag Technik, Berlin 1956*

10. *Junk K.H. – Brandkatastrophen im Lexikon des Mittelalters, München 1980*

Bild- und Tabellenverzeichnis

Tabellen

<u>Bilder</u>

Bild 1:
Quelle Virtaler Baudichte und Brandsicherheit 1954/VFDB-Zeitschrift

Bild 2
Quelle: Staatsverlag, Berlin 1977, sowie Internet-Recherche

Bild 3
Quelle: Internet-Recherche sowie Staatsverlag DDR, Berlin 1977

Lightning Source UK Ltd.
Milton Keynes UK
UKHW010632180719
346390UK00001B/281/P

9 783640 552597